◆本書の構成と利用法

本書は，『化学基礎』の「物質量と化学反応式」に関する問題を数多く収録したドリル形式の問題集です。15テーマの学習内容に取り組むことで，「物質量と化学反応式」に関する基本的な考え方を着実に習得することができます。

- **学習のポイント**　ポイントとなる重要事項を，簡潔に解説しています。重要事項は赤字で示しています。
- **解き方**　空所補充をしながら，計算方法や解法を学ぶことができます。
- **問題**　基本的な問題を掲載しています。反復演習を必要とするものについては，その類題を数多く掲載し，段階的な学習を行うことができるようにしています。

目次

本書では，有効数字について，次のような取り決めにしたがっています。
①原子量は有効数字として取り扱わないものとする。
②原則として，問題文中で与えられた数値の最小の有効桁数で解答するものとする。

生徒用学習支援サイト　プラスウェブのご案内

スマートフォンやタブレット端末機などを使って，セルフチェックに役立つデータをダウンロードできます。　https://dg-w.jp/b/f600001

［注意］ コンテンツの利用に際しては，一般に，通信料が発生します。

1 指数と有効数字

学習日　月　日

学習のポイント

①**指数**　非常に大きい数値や非常に小さい数値を扱うとき，それぞれ 10^n や 10^{-n} のような指数で表記する。

(例) $1000=10\times10\times10=10^3$　　$\frac{1}{100}=\frac{1}{10\times10}=\frac{1}{10^2}=10^{-2}$

●数値を $a\times10^n$ の形で表す場合，一般に，$1\leqq a<10$ とする。

(例) $96485=9.6485\times10^4$　　$0.0025=2.5\times10^{-3}$

●指数の計算

$10^m\times10^n=10^{m+n}$　　$10^m\div10^n=\frac{10^m}{10^n}=10^{m-n}$　　$(10^m)^n=10^{m\times n}$　　$10^0=1$　　$(a\times10^m)\times(b\times10^n)=ab\times10^{m+n}$

②**有効数字**　測定で読み取った桁までの数字。桁数を明らかにする場合，一般に，$a\times10^n$ $(1\leqq a<10)$で表す。

(例) $120=1.20\times10^2$(有効数字3桁)　　$0.0010=1.0\times10^{-3}$(有効数字2桁)

●足し算，引き算の場合

…得られた数値を四捨五入して，末位(一番後ろの数字の位)を位の最も高い数値に合わせる。

(例) $5.\underline{2}+7.5\underline{9}=12.7\underline{9}=12.8$
5.2：小数第1位(位が高い)　7.59：小数第2位　四捨五入し，末位を小数第1位にする

●かけ算，割り算の場合

…得られた数値を四捨五入して，有効数字の桁数が最も少ない数値にそろえる。

(例) $1.2\times3.47=4.1\underline{6}4=4.2$
1.2：2桁(桁数が少ない)　3.47：3桁　四捨五入し，2桁にする

③**比の計算**　$a:b=c:d$ のとき，$ad=bc$

④**単位の換算**　$1\,\mathrm{L}=1000\,\mathrm{mL}=1000\,\mathrm{cm}^3$　　$1\,\mathrm{kg}=1000\,\mathrm{g}$　　$1\,\mathrm{g}=1000\,\mathrm{mg}$　　$1\,\mathrm{cm}^3=1\,\mathrm{mL}$

1 指数　次の数値を，例にならって $a\times10^n$ の形で表せ。ただし，$1\leqq a<10$ とする。

(例) 2000 → 2×10^3

(1) 300

(2) 5000

(3) 210000

(4) 0.0035

(5) 0.0006

(6) 0.000000008

2 指数の計算　次の指数の計算をせよ。

(1) $10^2\times10^3=$

(2) $10^3\times10^{-2}=$

(3) $(2\times10^3)\times(3\times10^2)=$

(4) $(4\times10^4)\times(4\times10^{-2})=$

(5) $\frac{10^8}{10^4}=$

(6) $\frac{10^8}{10^{-2}}=$

(7) $\frac{8\times10^5}{2\times10^3}=$

(8) $\frac{3\times10^2}{6\times10^4}=$

3 有効数字　次の数値を四捨五入し，指定された有効数字で表せ。

	有効数字 2 桁	有効数字 3 桁
1539	1.5×10^3	1.54×10^3
39262		
48760		
23.741		
0.07236		
0.008243		
0.00004309		

4 有効数字の計算　有効数字に注意して，次の計算をせよ。

(1)　$5.0+1.37=$

(2)　$1.439+6.21=$

(3)　$4.28-2.5=$

(4)　$6.71-4.1=$

(5)　$1.6\times1.2=$

(6)　$5.6\div1.4=$

(7)　$(2.5\times10^{-2})\times(5.2\times10^{2})=$

5 比の計算　次の x の値を求めよ。

(1)　$2:x=8:16$

$x=$ ＿＿＿＿

(2)　$x:4=9:3$

$x=$ ＿＿＿＿

(3)　$250:40=1000:x$

$x=$ ＿＿＿＿

(4)　$36:72=x:16$

$x=$ ＿＿＿＿

6 単位の換算　次の数値を解答欄の単位にしたがって書き換えよ。

(1)　3L

＿＿＿＿ mL

(2)　0.25L

＿＿＿＿ mL

(3)　500mL

＿＿＿＿ L

(4)　$150\,cm^3$

＿＿＿＿ L

(5)　2.5kg

＿＿＿＿ g

(6)　0.16kg

＿＿＿＿ g

(7)　300mg

＿＿＿＿ g

2 原子量

学習日　　月　　日

学習のポイント

①**原子の相対質量**　質量数 12 の炭素原子 ^{12}C の質量を 12 とし，これを基準に原子の質量を相対的に表した値。各原子の相対質量は，その原子の**質量数**とほぼ等しくなる。

$$原子\ A\ の相対質量 = 12 \times \frac{原子\ A\ 1\ 個の質量}{^{12}C\ 1\ 個の質量}$$

②**元素の原子量**　同位体の相対質量に**天然存在比**をかけて求めた相対質量の平均値。

$$原子量 = \begin{matrix}同位体\ A\ の\\相対質量\end{matrix} \times \frac{同位体\ A\ の天然存在比〔\%〕}{100} + \begin{matrix}同位体\ B\ の\\相対質量\end{matrix} \times \frac{同位体\ B\ の天然存在比〔\%〕}{100}$$

1 原子の相対質量　炭素原子 ^{12}C 1 個の質量は 2.0×10^{-23} g である。^{12}C の相対質量を 12 として次の各問いに答えよ。ただし，(1)は小数第 1 位，(2)～(4)は整数で答えよ。

(1)　水素原子 ^{1}H 1 個の質量は 1.7×10^{-24} g である。^{1}H の相対質量はいくらか。

解き方　原子の相対質量は ^{12}C 1 個の質量を 12 とした相対値であり，^{1}H 1 個の質量が ^{12}C 1 個の質量の何倍かを考えればよい。したがって，^{1}H の相対質量は次のように求められる。

$$^{1}H\ の相対質量 = 12 \times \frac{^{1}H\ 1\ 個の質量}{^{12}C\ 1\ 個の質量}$$

$$= 12 \times \frac{(^{ア}\qquad\qquad)g}{2.0 \times 10^{-23}g}$$

$$= (^{イ}\qquad\qquad)$$

(2)　酸素原子 ^{16}O 1 個の質量は 2.7×10^{-23} g である。^{16}O の相対質量はいくらか。

(3)　ナトリウム原子 Na 1 個の質量は 3.8×10^{-23} g である。Na の相対質量はいくらか。

(4)　アルミニウム原子 Al 1 個の質量は 4.5×10^{-23} g である。Al の相対質量はいくらか。

2 原子の相対質量　質量数 12 の炭素原子 ^{12}C の相対質量を 12 として次の各問いに答えよ。ただし，(1)は有効数字 2 桁，(2)と(3)は有効数字 3 桁で答えよ。

(1)　マグネシウム原子 Mg の相対質量は 24 である。Mg 1 個の質量は ^{12}C 1 個の質量の何倍か。

(2)　カリウム原子 ^{39}K の相対質量は 39 である。この ^{39}K 1 個の質量は ^{12}C 1 個の質量の何倍か。

(3)　^{12}C 1 個の質量に比べて質量が 9 倍の原子がある。この原子の相対質量はいくらか。

3 元素の原子量　次の各問いに答えよ。

(1)　塩素 Cl の同位体には相対質量 35 の ^{35}Cl(天然存在比 75%)と相対質量 37 の ^{37}Cl(天然存在比 25%)がある。塩素 Cl の原子量を小数第 1 位まで求めよ。

解き方　次の式から Cl の原子量を求めることができる。

$$\text{Cl の原子量} = {}^{35}\text{Cl の相対質量} \times \frac{{}^{35}\text{Cl の天然存在比〔\%〕}}{100} + {}^{37}\text{Cl の相対質量} \times \frac{{}^{37}\text{Cl の天然存在比〔\%〕}}{100}$$

したがって，Cl の原子量は，

$$\text{原子量} = 35 \times \frac{(^{ア}\qquad)}{100} + (^{イ}\qquad) \times \frac{25}{100} = (^{ウ}\qquad)$$

(2)　ホウ素 B の同位体には相対質量 10 の ^{10}B(天然存在比 20%)と相対質量 11 の ^{11}B(天然存在比 80%)がある。ホウ素 B の原子量を小数第 1 位まで求めよ。

(3)　銅 Cu の同位体には相対質量 63 の ^{63}Cu(天然存在比 69%)と相対質量 65 の ^{65}Cu(天然存在比 31%)がある。銅 Cu の原子量を小数第 1 位まで求めよ。

4 周期表と原子量　表紙裏の周期表から各原子の原子量を整数値で記せ。ただし，Cl は小数第 1 位まで書くこと。

周期＼族	1	2	13	14	15	16	17	18
1	H							He
								4
2	Li	Be	B	C	N	O	F	Ne
	7	9	11				19	20
3	Na	Mg	Al	Si	P	S	Cl	Ar
				28	31			40
4	K	Ca						
	39							

3 分子量・式量

月　日

学習のポイント

①**分子量**　分子式中の構成元素の原子量の総和。　（例）$H_2O = 1.0 \times 2 + 16 = 18$

②**式量**　イオンの化学式や組成式中の構成元素の原子量の総和。　（例）$H_3O^+ = 1.0 \times 3 + 16 = 19$

原子量は，次の数値を必要に応じて使用すること。
H=1.0，He=4.0，C=12，N=14，O=16，F=19，Na=23，Mg=24，Al=27，P=31，S=32，Cl=35.5，K=39，Ca=40，Fe=56，Cu=64

1 分子量　次の物質の分子量を求めよ。

(1)　水素 H_2

(2)　ヘリウム He

(3)　窒素 N_2

(4)　酸素 O_2

(5)　フッ化水素 HF

(6)　水 H_2O

(7)　アンモニア NH_3

(8)　二酸化炭素 CO_2

(9)　塩化水素 HCl

(10)　硫化水素 H_2S

(11)　二酸化窒素 NO_2

(12)　酢酸 $C_2H_4O_2$

(13)　硫酸 H_2SO_4

(14)　硝酸 HNO_3

(15)　メタン CH_4

(16)　エタン C_2H_6

(17)　プロパン C_3H_8

(18)　エタノール C_2H_6O

(19)　グルコース $C_6H_{12}O_6$

(20)　スクロース $C_{12}H_{22}O_{11}$

2 イオンの式量　次のイオンの式量を求めよ。

(1)　水素イオン H^+

(2)　ナトリウムイオン Na^+

(3)　カルシウムイオン Ca^{2+}

(4)　鉄(Ⅲ)イオン Fe^{3+}

(5)　塩化物イオン Cl^-

(6)　酸化物イオン O^{2-}

(7)　硫化物イオン S^{2-}

(8)　アンモニウムイオン NH_4^+

(9)　水酸化物イオン OH^-

(10)　炭酸水素イオン HCO_3^-

(11)　炭酸イオン CO_3^{2-}

(12)　硝酸イオン NO_3^-

(13)　硫酸イオン SO_4^{2-}

(14)　リン酸イオン PO_4^{3-}

3 組成式の式量　次の物質の式量を求めよ。

(1)　ダイヤモンド C

(2)　アルミニウム Al

(3)　銅 Cu

(4)　塩化ナトリウム NaCl

(5)　水酸化カリウム KOH

(6)　塩化マグネシウム $MgCl_2$

(7)　炭酸カルシウム $CaCO_3$

(8)　硫化鉄(Ⅱ)FeS

(9)　炭酸水素ナトリウム $NaHCO_3$

(10)　水酸化カルシウム $Ca(OH)_2$

(11)　塩化アンモニウム NH_4Cl

(12)　硫酸アルミニウム $Al_2(SO_4)_3$

(13)　硫酸銅(Ⅱ)五水和物 $CuSO_4 \cdot 5H_2O$

(14)　炭酸ナトリウム十水和物 $Na_2CO_3 \cdot 10H_2O$

4 物質量(1) －物質量と粒子の数－

月　日

学習のポイント

①**物質量**　6.0×10^{23} 個の粒子の集団を**1 モル**(記号 **mol**)とし，mol を単位として示された量。
②**アボガドロ定数**　1 mol あたりの粒子の数。$\mathbf{6.0\times10^{23}/mol}$ で表される。

(例) 6.0×10^{23} 個の水 H_2O 分子の集団

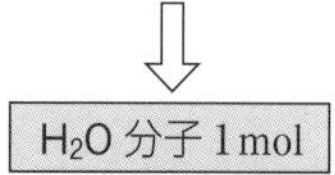

6.0×10^{23} 個の水 H_2O 分子の集団が 3 つ

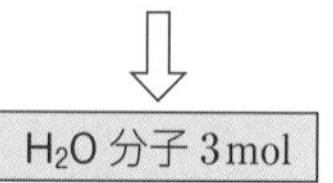

$$物質量〔mol〕=\frac{粒子の数}{アボガドロ定数〔/mol〕}$$

アボガドロ定数は 6.0×10^{23}/mol とする。

1 粒子の数と物質量　次の各問いに答えよ。

(1)　3.0×10^{23} 個の水素分子 H_2 は何 mol か。

解き方

$$物質量〔mol〕=\frac{粒子の数}{アボガドロ定数〔/mol〕}から，$$

$$\frac{3.0\times10^{23}}{(^{ア}\qquad)/mol}=(^{イ}\qquad)mol$$

(2)　1.2×10^{24} 個の水分子 H_2O は何 mol か。

(3)　6.0×10^{22} 個の二酸化炭素分子 CO_2 は何 mol か。

(4)　4.2×10^{23} 個のアルミニウム原子 Al は何 mol か。

(5)　3.6×10^{24} 個のグルコース分子 $C_6H_{12}O_6$ は何 mol か。

2 物質量と粒子の数　次の各問いに答えよ。

(1)　1.5 mol の水素 H_2 に含まれる水素分子 H_2 の数は何個か。

解き方

粒子の数＝アボガドロ定数〔/mol〕×物質量〔mol〕から，
$(^{ア}\qquad)/mol\times1.5\,mol=(^{イ}\qquad)$

(2)　0.25 mol の水 H_2O に含まれる水分子 H_2O の数は何個か。

(3)　0.20 mol の二酸化炭素 CO_2 に含まれる二酸化炭素分子 CO_2 の数は何個か。

(4)　3.0 mol のアルミニウム Al に含まれるアルミニウム原子 Al の数は何個か。

(5)　5.0 mol のグルコース $C_6H_{12}O_6$ に含まれるグルコース分子 $C_6H_{12}O_6$ の数は何個か。

3 物質量と構成粒子の数　次の各問いに答えよ。

(1)　1.0 mol の水素分子 H_2 に含まれる水素原子 H は何 mol か。

H_2

解き方　1 個の H_2 には，H が (ア　　　　) 個含まれるので，1.0 mol の H_2 に含まれる H は，

1.0 mol × (イ　　　　) = (ウ　　　　) mol

(2)　1.0 mol のオゾン分子 O_3 に含まれる酸素原子 O は何 mol か。

______

(3)　4.0 mol のアンモニア分子 NH_3 に含まれる水素原子 H は何 mol か。

______

(4)　0.50 mol のメタン分子 CH_4 に含まれる水素原子 H は何 mol か。

______

(5)　0.10 mol のグルコース分子 $C_6H_{12}O_6$ に含まれる炭素原子 C は何 mol か。

______

(6)　2.0 mol の塩化ナトリウム NaCl に含まれるナトリウムイオン Na^+ は何 mol か。

______

(7)　0.25 mol の硫酸アルミニウム $Al_2(SO_4)_3$ に含まれる硫酸イオン SO_4^{2-} は何 mol か。

______

(8)　0.40 mol の硫酸銅(Ⅱ)五水和物 $CuSO_4 \cdot 5H_2O$ に含まれる水分子 H_2O は何 mol か。

______

4 物質量と構成粒子の数　次の各問いに答えよ。

(1)　0.50 mol の水素分子 H_2 に含まれる水素原子 H は何個か。

解き方　1 個の H_2 には，H が (ア　　　　) 個含まれるので，0.50 mol の H_2 に含まれる H は，

0.50 mol × (イ　　　　) = (ウ　　　　) mol

したがって，0.50 mol の水素 H_2 に含まれる水素原子 H の数は，

6.0×10^{23}/mol × (エ　　　　) mol

= (オ　　　　)

(2)　0.20 mol のオゾン分子 O_3 に含まれる酸素原子 O は何個か。

______

(3)　0.10 mol のメタン分子 CH_4 に含まれる水素原子 H は何個か。

______

(4)　1.0×10^{-3} mol のグルコース分子 $C_6H_{12}O_6$ に含まれる水素原子 H は何個か。

______

(5)　0.50 mol の硫酸アルミニウム $Al_2(SO_4)_3$ に含まれる硫酸イオン SO_4^{2-} は何個か。

______

(6)　0.20 mol の硫酸銅(Ⅱ)五水和物 $CuSO_4 \cdot 5H_2O$ に含まれる水分子 H_2O は何個か。

______

5 物質量(2) －物質量と質量－

月　　日

学習のポイント

物質 1 mol の質量(モル質量)　物質 1 mol あたりの質量を**モル質量**といい，原子量，分子量，式量に単位としてグラム毎モル(記号 **g/mol**)をつけて表す。

(例)　アルミニウム Al(原子量 27)のモル質量＝27 g/mol
　水 H_2O(分子量 18)のモル質量＝18 g/mol
　塩化ナトリウム NaCl(式量 58.5)のモル質量＝58.5 g/mol

$$物質量〔mol〕=\frac{質量〔g〕}{モル質量〔g/mol〕}$$

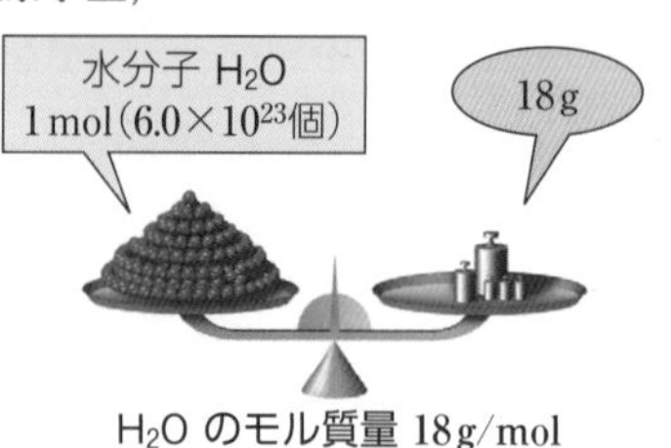

1 質量と物質量　次の各問いに答えよ。

(1)　6.0 g の黒鉛 C(原子量 12)は何 mol か。

解き方　C の原子量が 12 なので，この黒鉛のモル質量は(ア　　　　)g/mol である。

$$物質量〔mol〕=\frac{質量〔g〕}{モル質量〔g/mol〕}$$ から，

$$\frac{(^{イ}\qquad)g}{(^{ウ}\qquad)g/mol}=(^{エ}\qquad)mol$$

(2)　3.0 g の水素 H_2(分子量 2.0)は何 mol か。

______

(3)　5.1 g のアンモニア NH_3(分子量 17)は何 mol か。

______

(4)　33 g の二酸化炭素 CO_2(分子量 44)は何 mol か。

______

(5)　5.0 g の硫酸銅(Ⅱ)五水和物 $CuSO_4 \cdot 5H_2O$(式量 250)は何 mol か。

______

2 物質量と質量　次の各問いに答えよ。

(1)　1.0 mol の黒鉛 C(原子量 12)は何 g か。

解き方　C の原子量が 12 なので，この黒鉛のモル質量は(ア　　　　)g/mol である。
質量〔g〕＝モル質量〔g/mol〕×物質量〔mol〕から，
(イ　　　　)g/mol×(ウ　　　　)mol
＝(エ　　　　)g

(2)　2.0 mol の水素 H_2(分子量 2.0)は何 g か。

______

(3)　0.50 mol のアンモニア NH_3(分子量 17)は何 g か。

______

(4)　1.5 mol の二酸化炭素 CO_2(分子量 44)は何 g か。

______

(5)　2.0×10^{-3} mol の硫酸銅(Ⅱ)五水和物 $CuSO_4 \cdot 5H_2O$(式量 250)は何 g か。

______

3 質量と構成粒子の物質量　次の各問いに答えよ。

(1)　36 g の水 H_2O(分子量 18)に含まれる水素原子 H は何 mol か。

H_2O

解き方　H_2O の分子量が 18 なので，水のモル質量は(ア　　　)g/mol であり，H_2O の物質量は，

$$\frac{(イ\quad\quad)\mathrm{g}}{(ウ\quad\quad)\mathrm{g/mol}}=(エ\quad\quad)\mathrm{mol}$$

1 個の H_2O には，H が(オ　　　)個含まれるので，H の物質量は，

(カ　　　)mol×(キ　　　)＝(ク　　　)mol

(2)　2.0 g の水素 H_2(分子量 2.0)に含まれる水素原子 H は何 mol か。

(3)　4.0 g のメタン CH_4(分子量 16)に含まれる水素原子 H は何 mol か。

(4)　3.8 g の塩化マグネシウム $MgCl_2$(式量 95)中に含まれる塩化物イオン Cl^- は何 mol か。

(5)　7.5 g の硫酸銅(Ⅱ)五水和物 $CuSO_4\cdot5H_2O$(式量 250)中に含まれる水分子 H_2O は何 mol か。

4 質量と構成粒子の質量　次の各問いに答えよ。

(1)　72 g の水 H_2O(分子量 18)中に含まれる水素原子 H(原子量 1.0)の質量は何 g か。

解き方　H_2O の分子量が 18 なので，水のモル質量は(ア　　　)g/mol であり，H_2O の物質量は，

$$\frac{(イ\quad\quad)\mathrm{g}}{(ウ\quad\quad)\mathrm{g/mol}}=(エ\quad\quad)\mathrm{mol}$$

1 つの H_2O には，H が(オ　　　)個含まれるので，H の物質量は，

(カ　　　)mol×(キ　　　)＝(ク　　　)mol

H のモル質量が 1.0 g/mol なので，H の質量は，

1.0 g/mol×(ケ　　　)mol＝(コ　　　)g

(2)　34 g のアンモニア NH_3(分子量 17)中に含まれる水素原子 H(原子量 1.0)の質量は何 g か。

(3)　22 g のプロパン C_3H_8(分子量 44)中に含まれる炭素原子 C(原子量 12)の質量は何 g か。

(4)　222 mg の塩化カルシウム $CaCl_2$(式量 111)中に含まれる塩化物イオン Cl^-(式量 35.5)の質量は何 g か。

6 物質量(3) －物質量と気体の体積－

月　日

学習のポイント

①**気体 1 mol の体積(モル体積)**　気体 1 mol あたりの体積を**モル体積**(記号 L/mol)という。0℃，1.013×10^5 Pa における気体の体積は，その気体の種類によらず，22.4L である。

$$物質量〔mol〕=\frac{0℃，1.013\times10^5\,\text{Pa}\ での体積〔L〕}{22.4\,\text{L/mol}}$$

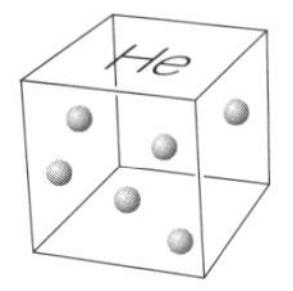

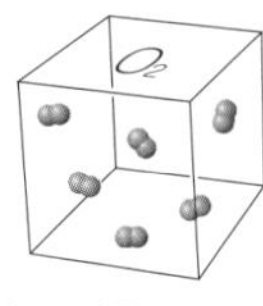

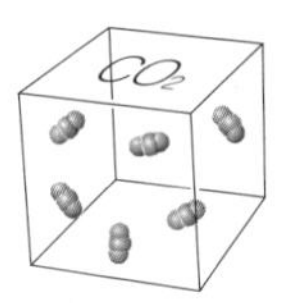

アボガドロの法則…同温・同圧下で同体積の気体は，気体の種類に関係なく，同数の分子を含む

②**気体の密度**　気体 1L あたりの質量〔g〕。
気体 1 mol あたりの体積(モル体積)と気体 1 mol あたりの質量(モル質量)から求めることができる。

$$気体の密度〔g/L〕=\frac{モル質量〔g/mol〕}{モル体積〔L/mol〕}$$

③**混合気体の平均分子量**　成分気体の分子量(モル質量)と，それぞれの混合割合から求める。
（例）空気の平均分子量…窒素(分子量 28.0)と酸素(分子量 32.0)が物質量の比 4：1 で混合した気体とする。

$$28.0\,\text{g/mol}\times\frac{4}{4+1}+32.0\,\text{g/mol}\times\frac{1}{4+1}=28.8\,\text{g/mol}$$

気体の体積は 0℃，1.013×10^5 Pa におけるものとする。

1 気体の体積と物質量　次の各問いに答えよ。

(1)　5.60L の水素 H_2 は何 mol か。

解き方　$物質量〔mol〕=\frac{体積〔L〕}{22.4\,\text{L/mol}}$ から，

$\frac{(^{ア}\qquad)\text{L}}{22.4\,\text{L/mol}}=(^{イ}\qquad)$ mol

(2)　22.4L のヘリウム He は何 mol か。

＿＿＿＿＿＿

(3)　2.80L のメタン CH_4 は何 mol か。

＿＿＿＿＿＿

(4)　4.48L の二酸化炭素 CO_2 は何 mol か。

＿＿＿＿＿＿

(5)　896 mL のオゾン O_3 は何 mol か。

＿＿＿＿＿＿

2 物質量と気体の体積　次の各問いに答えよ。

(1)　2.00 mol の水素 H_2 は何 L か。

解き方　体積〔L〕＝22.4L/mol×物質量〔mol〕から，
22.4L/mol×(^{ア}　　　)mol＝(^{イ}　　　)L

(2)　1.50 mol の窒素 N_2 は何 L か。

＿＿＿＿＿＿

(3)　0.500 mol のアンモニア NH_3 は何 L か。

＿＿＿＿＿＿

(4)　0.750 mol のメタン CH_4 は何 L か。

＿＿＿＿＿＿

(5)　0.0250 mol の酸素 O_2 は何 mL か。

＿＿＿＿＿＿

3 気体の分子量と密度　次の各問いに答えよ。

(1)　分子量が 28 の気体の密度〔g/L〕はいくらか。小数第 2 位まで求めよ。

解き方　0℃，1.013×10^5 Pa における気体のモル体積は 22.4 L/mol であり，分子量が 28 の気体のモル質量は(ア　　　　)g/mol である。したがって密度〔g/L〕は，

$$密度〔g/L〕=\frac{(イ\qquad)\,g/mol}{22.4\,L/mol}$$

$=($ウ　　　　$)$ g/L

(2)　分子量が 44 の気体の密度〔g/L〕はいくらか。小数第 2 位まで求めよ。

＿＿＿＿＿＿

(3)　分子量が 34 の気体の密度〔g/L〕はいくらか。小数第 2 位まで求めよ。

＿＿＿＿＿＿

4 気体の密度と分子量　次の各問いに答えよ。

(1)　ある気体の密度が 2.5 g/L であるとき，この気体の分子量はいくらか。整数値で答えよ。

解き方　分子量を求めるには，この気体のモル質量を求めればよい。0℃，1.013×10^5 Pa における気体のモル体積が 22.4 L/mol なので，密度〔g/L〕に 22.4 L/mol をかけることで，モル質量を求めることができる。

モル質量〔g/mol〕＝密度〔g/L〕×22.4 L/mol

＝(ア　　　　)g/L×22.4 L/mol

＝(イ　　　　)g/mol

したがって，この気体の分子量は，

(ウ　　　　)である。

(2)　ある気体の密度が 0.76 g/L であるとき，この気体の分子量はいくらか。整数値で答えよ。

＿＿＿＿＿＿

5 混合気体の平均分子量　次の各問いに答えよ。

(1)　3.0 mol の水素(分子量 2.0)と 1.0 mol の窒素(分子量 28)の混合気体の平均分子量はいくらか。小数第 1 位まで求めよ。

解き方　水素が 3.0 mol，窒素が 1.0 mol から，この混合気体は全体で(ア　　　　)mol なので，それぞれの気体の混合割合は，次のようになる。

水素…$\frac{(イ\qquad)}{(ウ\qquad)}$　　窒素…$\frac{(エ\qquad)}{(オ\qquad)}$

この混合気体のモル質量は，

$2.0\,g/mol\times\frac{(カ\qquad)}{(キ\qquad)}+28\,g/mol\times\frac{(ク\qquad)}{(ケ\qquad)}$

＝(コ　　　　)g/mol

したがって，平均分子量は(サ　　　　)となる。

(2)　1.5 mol のヘリウム(分子量 4.0)と 0.50 mol の二酸化炭素(分子量 44)の混合気体の平均分子量はいくらか。整数値で答えよ。

＿＿＿＿＿＿

(3)　メタン(分子量 16)と窒素(分子量 28)を物質量の比 4：1 で混合した。この混合気体の平均分子量はいくらか。小数第 1 位まで求めよ。

＿＿＿＿＿＿

7 物質量(4)

学習日　月　日

学習のポイント

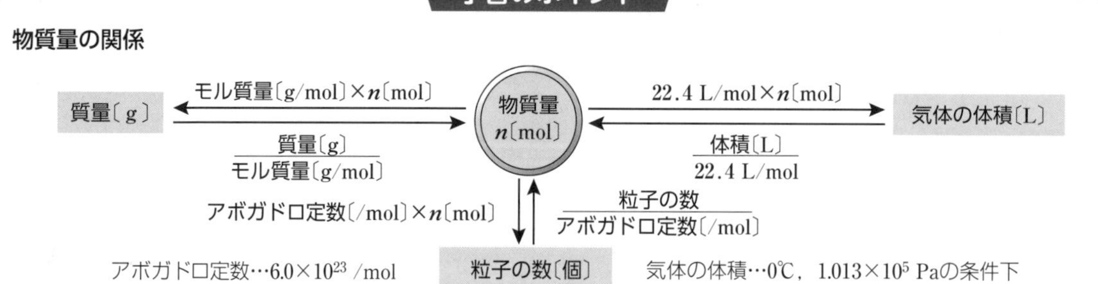

1 粒子の数と質量　次の各問いに答えよ。

(1)　3.0×10^{24} 個の水素 H_2(分子量 2.0)は何 g か。

解き方　粒子の数〔個〕⇒物質量〔mol〕⇒質量〔g〕の順に考えると，水素 H_2 の物質量は，

$$\frac{(^{ア}\qquad\qquad)}{(^{イ}\qquad\qquad)/\text{mol}}=(^{ウ}\qquad\qquad)\text{mol}$$

したがって，この水素 H_2 の質量は，

$2.0\,\text{g/mol}\times(^{エ}\qquad\qquad)\text{mol}=(^{オ}\qquad\qquad)\text{g}$

(2)　7.2×10^{23} 個の炭素 C(原子量 12)は何 g か。

(3)　1.5×10^{23} 個の二酸化炭素 CO_2(分子量 44)は何 g か。

(4)　6.0×10^{24} 個の水 H_2O(分子量 18)は何 g か。

(5)　1.2×10^{24} 個のアンモニア NH_3(分子量 17)は何 g か。

(6)　1.0 g の水素 H_2(分子量 2.0)に含まれる水素分子 H_2 の数は何個か。

解き方　質量〔g〕⇒物質量〔mol〕⇒粒子の数〔個〕の順に考えると，水素 H_2 の物質量は，

$$\frac{(^{ア}\qquad\qquad)\text{g}}{(^{イ}\qquad\qquad)\text{g/mol}}=(^{ウ}\qquad\qquad)\text{mol}$$

したがって水素分子 H_2 の数は，アボガドロ定数 6.0×10^{23}/mol から，

$6.0\times10^{23}/\text{mol}\times(^{エ}\qquad\qquad)\text{mol}=(^{オ}\qquad\qquad)$

(7)　24 g の炭素 C(原子量 12)に含まれる炭素原子 C の数は何個か。

(8)　11 g の二酸化炭素 CO_2(分子量 44)に含まれる二酸化炭素分子 CO_2 の数は何個か。

(9)　3.6 g の水 H_2O(分子量 18)に含まれる水分子 H_2O の数は何個か。

(10)　8.0 g のメタン CH_4(分子量 16)に含まれる水素原子 H の数は何個か。

2 粒子の数と気体の体積　次の各問いに答えよ。

(1)　1.5×10^{24} 個の水素 H_2 は何 L か。

解き方　粒子の数〔個〕⇒物質量〔mol〕⇒体積〔L〕の順に考えると，水素 H_2 の物質量は，

$$\frac{(^{ア}\qquad)}{(^{イ}\qquad)/\text{mol}}=(^{ウ}\qquad)\text{mol}$$

したがって，水素 H_2 の体積は，

22.4L/mol×(エ　　　)mol＝(オ　　　)L

(2)　4.5×10^{23} 個の酸素 O_2 は何 L か。

(3)　1.2×10^{23} 個の窒素 N_2 は何 L か。

(4)　6.0×10^{22} 個のメタン CH_4 は何 L か。

(5)　11.2L の水素 H_2 に含まれる水素分子 H_2 は何個か。

解き方　体積〔L〕⇒物質量〔mol〕⇒粒子の数〔個〕の順に考えると，水素 H_2 の物質量は，

$$\frac{(^{ア}\qquad)\text{L}}{(^{イ}\qquad)\text{L/mol}}=(^{ウ}\qquad)\text{mol}$$

したがって，水素分子 H_2 の数は，

6.0×10^{23}/mol×(エ　　　)mol

＝(オ　　　)個

(6)　5.6L のアンモニア NH_3 に含まれるアンモニア分子 NH_3 は何個か。

(7)　16.8L のエタン C_2H_6 に含まれるエタン分子 C_2H_6 は何個か。

3 気体の質量と体積　次の各問いに答えよ。

(1)　7.0g の窒素 N_2(分子量 28)の体積は何 L か。

解き方　質量〔g〕⇒物質量〔mol〕⇒体積〔L〕の順に考えると，窒素 N_2 の物質量は，

$$\frac{7.0\text{g}}{(^{ア}\qquad)\text{g/mol}}=(^{イ}\qquad)\text{mol}$$

したがって，窒素 N_2 の体積は，

22.4L/mol×(ウ　　　)mol＝(エ　　　)L

(2)　13.2g の二酸化炭素 CO_2(分子量 44)の体積は何 L か。

(3)　16g の酸素 O_2(分子量 32)の体積は何 L か。

(4)　6.9g の二酸化窒素 NO_2(分子量 46)の体積は何 L か。

(5)　11.2L の窒素 N_2(分子量 28)は何 g か。

解き方　体積〔L〕⇒物質量〔mol〕⇒質量〔g〕の順に考えると，窒素 N_2 の物質量は，

$$\frac{11.2\text{L}}{(^{ア}\qquad)\text{L/mol}}=(^{イ}\qquad)\text{mol}$$

したがって，窒素 N_2 の質量は，

28g/mol×(ウ　　　)mol＝(エ　　　)g

(6)　2.24L のヘリウム He(分子量 4.0)は何 g か。

(7)　3.36L の酸素 O_2(分子量 32)は何 g か。

(8)　56L の硫化水素 H_2S(分子量 34)は何 g か。

8 溶液の濃度(1)

学習日　　月　　日

学習のポイント

①溶解　液体に他の物質が混合し，均一な液体になること。

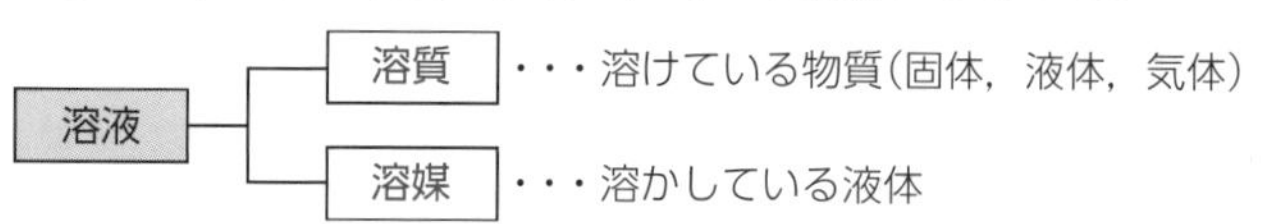

（注）結晶水をもつ物質(例：硫酸銅(Ⅱ)五水和物 $CuSO_4 \cdot 5H_2O$)を水に溶解させると，結晶水は溶媒の一部になる。

②濃度　溶液に含まれる溶質の割合。

濃度	質量パーセント濃度〔%〕	モル濃度〔mol/L〕
定義	溶液の質量に対する溶質の質量の割合	溶液1L中に溶けている溶質の物質量
式	$\dfrac{\text{溶質の質量〔g〕}}{\text{溶液の質量〔g〕(＝溶媒の質量〔g〕＋溶質の質量〔g〕)}}\times 100$	$\dfrac{\text{溶質の物質量〔mol〕}}{\text{溶液の体積〔L〕}}$

1 質量パーセント濃度　次の各問いに答えよ。

(1)　10gの塩化ナトリウムを水90gに溶かした水溶液の質量パーセント濃度は何%か。

解き方　次の図のように考えるとよい。

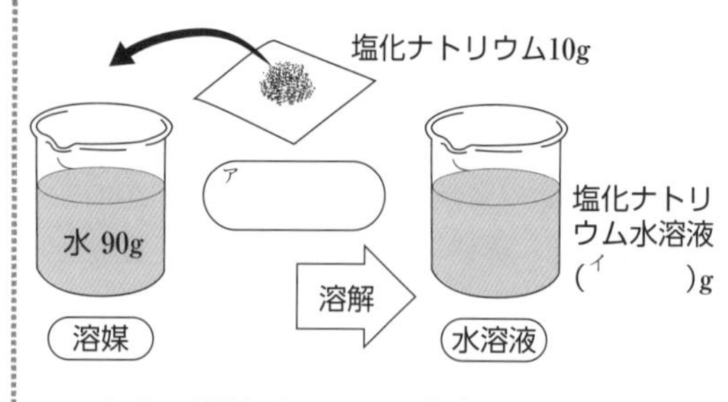

このときの質量パーセント濃度は，

$$\frac{\text{塩化ナトリウムの質量}}{\text{水の質量＋塩化ナトリウムの質量}}\times 100$$

$$=\frac{10\,\text{g}}{90\,\text{g}+10\,\text{g}}\times 100=(\text{ウ}\qquad)$$

したがって，この水溶液の質量パーセント濃度は，(エ　　　)%である。

(2)　20gの塩化ナトリウムを水180gに溶かした水溶液の質量パーセント濃度は何%か。

(3)　30gのスクロースを含む水溶液150gの質量パーセント濃度は何%か。

(4)　15%の塩化ナトリウム水溶液80g中に含まれる塩化ナトリウムは何gか。

解き方　溶質の質量＝溶液の質量×質量パーセント濃度で求められるので，

塩化ナトリウムの質量

$$=(\text{ア}\qquad)\,\text{g}\times\frac{(\text{イ}\qquad)}{100}$$

$$=(\text{ウ}\qquad)\,\text{g}$$

(5)　3.00%の塩化ナトリウム水溶液500g中に含まれる塩化ナトリウムは何gか。

(6)　10.0%の塩化ナトリウム水溶液120g中に含まれる水は何gか。

2 モル濃度　次の各問いに答えよ。

(1)　0.50mol の塩化ナトリウムを溶かした水溶液 200mL のモル濃度は何 mol/L か。

解き方　水溶液 200mL＝(ア　　　)L に 0.50mol の塩化ナトリウムが含まれるので，この水溶液のモル濃度は

$$\text{モル濃度[mol/L]}=\frac{\text{溶質の物質量[mol]}}{\text{溶液の体積[L]}}$$ から，

$$\text{モル濃度[mol/L]}=\frac{(^{イ}\qquad)\text{mol}}{(^{ウ}\qquad)\text{L}}$$

$$=(^{エ}\qquad)\text{mol/L}$$

(2)　0.40mol の塩化カリウムを溶かした水溶液 2.0L のモル濃度は何 mol/L か。

(3)　0.10mol の水酸化ナトリウムを溶かした水溶液 250mL のモル濃度は何 mol/L か。

(4)　0.20mol/L のスクロース溶液 100mL 中のスクロースは何 mol か。

解き方　0.20mol/L の水溶液 100mL＝(ア　　　)L 中のスクロースの物質量は，
物質量[mol]＝モル濃度[mol/L]×体積[L]
から，
物質量[mol]＝(イ　　　)mol/L×(ウ　　　)L
＝(エ　　　)mol

(5)　1.5mol/L の水酸化ナトリウム水溶液 50mL 中の水酸化ナトリウムは何 mol か。

(6)　0.050mol/L のシュウ酸水溶液 500mL 中のシュウ酸は何 mol か。

3 モル濃度　次の各問いに答えよ。

(1)　20g の水酸化ナトリウム(式量 40)を溶かした水溶液 250mL のモル濃度は何 mol/L か。

解き方　水酸化ナトリウムのモル質量は (ア　　　)g/mol なので，20g の水酸化ナトリウムの物質量は，

$$\frac{20\text{ g}}{(^{イ}\qquad)\text{g/mol}}=(^{ウ}\qquad)\text{mol}$$ である。

これを溶かして 250mL＝(エ　　　)L の水溶液とするので，この水溶液のモル濃度は，

$$\text{モル濃度[mol/L]}=\frac{(^{オ}\qquad)\text{mol}}{(^{カ}\qquad)\text{L}}$$

$$=(^{キ}\qquad)\text{mol/L}$$

(2)　4.0g の水酸化ナトリウム(式量 40)を溶かした水溶液 100mL のモル濃度は何 mol/L か。

(3)　0.10mol/L の水酸化ナトリウム水溶液 50mL 中の水酸化ナトリウム(式量 40)は何 g か。

(4)　0.25mol/L の水酸化カリウム水溶液 300mL 中の水酸化カリウム(式量 56)は何 g か。

(5)　0℃，1.013×10^5Pa で 11.2L のアンモニアを溶かした水溶液 2.0L のモル濃度は何 mol/L か。

(6)　0.50mol/L のアンモニア水 500mL をつくるために，アンモニアは 0℃，1.013×10^5Pa で何 L 必要か。

9 溶液の濃度(2)

学習のポイント

①溶液の調製　溶液を水で薄めても，溶液に含まれる溶質の物質量は変化しない。

②溶液の密度　溶液の密度〔g/cm^3〕は 1cm^3(=1mL)あたりの質量を表している。

$$溶液の密度〔g/cm^3〕=\frac{溶液の質量〔g〕}{溶液の体積〔cm^3〕}$$

1 溶液の調製　次の各問いに答えよ。

(1)　2.0mol/L の塩酸を水で薄めて 0.10mol/L の塩酸を 100mL つくりたい。2.0mol/L の塩酸は何 mL 必要か。

解き方　必要な塩酸の体積を V〔L〕とすると，この塩酸中の塩化水素の物質量は，

2.0mol/L×V〔L〕

また，薄めてつくった 0.10mol/L の塩酸 100mL=(ア　　　)L 中の塩化水素の物質量は，

0.10mol/L×(イ　　　)L=(ウ　　　)mol

水で薄めても塩酸に含まれる塩化水素の物質量は変化しないので，次のような式が立てられる。

2.0mol/L×V〔L〕=(エ　　　)mol　　V=(オ　　　)L

したがって，(カ　　　)mL となる。

(2)　6.0mol/L の水酸化ナトリウム水溶液を水で薄めて 2.0mol/L の溶液を 150mL つくりたい。6.0mol/L の水酸化ナトリウム水溶液は何 mL 必要か。

(3)　18mol/L の濃硫酸を水で薄めて 1.0mol/L の硫酸水溶液を 18mL つくりたい。18mol/L の濃硫酸は何 mL 必要か。

2 溶液の調製　次の各問いに答えよ。

(1)　2.0mol/L の塩酸 100mL に水を加えて 250mL の水溶液とした。薄めた後の塩酸のモル濃度は何 mol/L か。

解き方　2.0mol/L の塩酸 100mL=(ア　　　)L 中の塩化水素の物質量は，

2.0mol/L×(イ　　　)L=(ウ　　　)mol

また，薄めた後の塩酸の濃度を c〔mol/L〕とすると，250mL=(エ　　　)L から，塩化水素の物質量は，

c〔mol/L〕×(オ　　　)L

水で薄めても，塩酸に含まれる塩化水素の物質量は変化しないので，次のような式が立てられる。

(カ　　　)mol=c〔mol/L〕×(キ　　　)L　　c=(ク　　　)mol/L

(2)　6.0 mol/L の水酸化ナトリウム水溶液 50 mL に水を加えて 1.0 L の水溶液とした。薄めた後の水酸化ナトリウム水溶液のモル濃度は何 mol/L か。

(3)　18 mol/L の濃硫酸 1.0 mL を水で薄めて 9.0 mL の水溶液とした。薄めた後の硫酸水溶液のモル濃度は何 mol/L か。

3 溶液の密度　次の各問いに答えよ。

(1)　ある濃度の塩酸 100 mL の質量が 120 g であった。この塩酸の密度〔g/cm³〕を求めよ。

解き方　1 mL＝1 cm³ なので，100 mL＝(ア　　　)cm³ となる。

溶液の密度〔g/cm³〕$=\dfrac{\text{溶液の質量〔g〕}}{\text{溶液の体積〔cm}^3\text{〕}}$ から，この塩酸の密度は，$\dfrac{(\text{イ}\quad)\,\mathrm{g}}{(\text{ウ}\quad)\,\mathrm{cm^3}}$＝(エ　　　)g/cm³

(2)　ある濃度の水酸化ナトリウム水溶液 50 mL の質量が 55 g であった。この水酸化ナトリウム水溶液の密度〔g/cm³〕を求めよ。

(3)　ある濃度の硝酸水溶液 200 mL の質量が 260 g であった。この硝酸水溶液の密度〔g/cm³〕を求めよ。

4 濃度の換算　質量パーセント濃度が 98 %の濃硫酸(硫酸の分子量 98)の密度は 1.8 g/cm³ である。この濃硫酸 1.0 L のモル濃度は何 mol/L か。

解き方　質量パーセント濃度をモル濃度に変換する場合は，溶液が 1 L(＝1000 mL＝(ア　　　)cm³)のときを考える。この濃硫酸の質量は，溶液の密度〔g/cm³〕$=\dfrac{\text{溶液の質量〔g〕}}{\text{溶液の体積〔cm}^3\text{〕}}$ から，

濃硫酸の質量〔g〕＝(イ　　　)g/cm³×(ウ　　　)cm³＝(エ　　　)g

この濃硫酸は質量パーセント濃度が 98 %なので，溶液内に含まれる硫酸の質量は，

溶液の質量〔g〕×$\dfrac{\text{質量パーセント濃度}}{100}$＝(オ　　　)g×$\dfrac{(\text{カ}\quad)}{100}$

硫酸の分子量 98 から，硫酸のモル質量は(キ　　　)g/mol なので，この硫酸の物質量は，

$$\dfrac{(\text{ク}\quad)\,\mathrm{g}\times\dfrac{(\text{ケ}\quad)}{100}}{(\text{コ}\quad)\,\mathrm{g/mol}}=(\text{サ}\quad)\,\mathrm{mol}$$

濃硫酸 1.0 L に硫酸が(シ　　　)mol 溶けていることになるので，モル濃度は，(ス　　　)mol/L となる。

10 化学反応式のつくり方(1)

学習日　月　日

学習のポイント

①化学反応式のつくり方
- 反応物を左辺，生成物を右辺に化学式で記し，矢印で結ぶ。
- 両辺の各原子の数が等しくなるように係数をつける。
- 化学反応の前後で変化しない物質(溶媒や触媒)は書かない。
  ※触媒…反応を促進するが，自身は変化しない物質

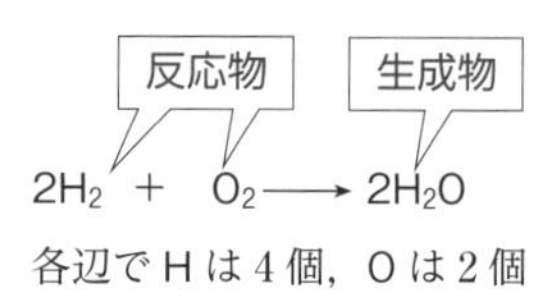

各辺で H は 4 個，O は 2 個

②イオンを含む反応式(イオン反応式)のつくり方
- イオンを表す化学式を用いて反応する物質だけを示す。
- 両辺の電荷の合計も合わせる。

$2Al + 6H^+ \longrightarrow 2Al^{3+} + 3H_2$
各辺で Al は 2 個，H は 6 個，電荷は＋6

1 化学反応式の係数　次の空欄にあてはまる係数を入れて化学反応式を完成させよ。ただし，係数が 1 の場合は 1 を記せ。

(1)　[　] $C +$ [　] $O_2 \longrightarrow$ [　] CO_2

解き方　① 両辺の炭素原子 C の数を等しくする。C の係数を 1 とすると，CO_2 の係数は(ア　　)となる。

(1)$C +$ [　] $O_2 \longrightarrow$ (イ　　)CO_2

② 両辺の酸素原子 O の数を等しくすると，O_2 の係数は(ウ　　)となる。

したがって，この式は次のようになる。

(1)$C +$(エ　　)$O_2 \longrightarrow$ (オ　　)CO_2

(2)　(　　)$H_2 +$ (　　)$O_2 \longrightarrow$ (　　)H_2O

(3)　(　　)$Mg +$ (　　)$O_2 \longrightarrow$ (　　)MgO

(4)　(　　)$CO +$ (　　)$O_2 \longrightarrow$ (　　)CO_2

(5)　(　　)$Cu +$ (　　)$O_2 \longrightarrow$ (　　)CuO

(6)　(　　)$HCl +$ (　　)$NaOH \longrightarrow$ (　　)$NaCl +$ (　　)H_2O

(7)　(　　)$H_2SO_4 +$ (　　)$NaOH \longrightarrow$ (　　)$Na_2SO_4 +$ (　　)H_2O

(8)　(　　)$N_2 +$ (　　)$H_2 \longrightarrow$ (　　)NH_3

(9)　(　　)$H_2 +$ (　　)$Cl_2 \longrightarrow$ (　　)HCl

(10)　(　　)$Na +$ (　　)$H_2O \longrightarrow$ (　　)$NaOH +$ (　　)H_2

(11)　(　　)$Ca +$ (　　)$H_2O \longrightarrow$ (　　)$Ca(OH)_2 +$ (　　)H_2

(12)　(　　　　)Al＋(　　　　)$HCl \longrightarrow$ (　　　　)$AlCl_3$＋(　　　　)H_2

(13)　(　　　　)Zn＋(　　　　)$HCl \longrightarrow$ (　　　　)$ZnCl_2$＋(　　　　)H_2

(14)　(　　　　)H_2S＋(　　　　)$SO_2 \longrightarrow$ (　　　　)S＋(　　　　)H_2O

(15)　(　　　　)$H_2O_2 \longrightarrow$ (　　　　)O_2＋(　　　　)H_2O

(16)　(　　　　)$CaCO_3 \longrightarrow$ (　　　　)CaO＋(　　　　)CO_2

2 化合物の燃焼　炭素 C や水素 H を含む化合物が完全燃焼すると，二酸化炭素 CO_2 と水 H_2O が生成される。次の各物質が完全燃焼したときの反応を，化学反応式で表せ。ただし，係数が 1 の場合は 1 を記せ。

(1)　メタン CH_4

解き方　① 反応物の化学式を左辺，生成物を右辺に示し，矢印で結ぶ。

　　CH_4　＋　　O_2　$\longrightarrow$　　CO_2　＋　　H_2O

② 両辺の炭素原子 C の数を等しくする(CH_4 の係数を 1 とする)と，CO_2 の係数は(ア　　　　)となる。

　(1)CH_4　＋　　$O_2 \longrightarrow$ (イ　　　　)CO_2　＋　　H_2O

③ 両辺の水素原子 H の数を等しくすると，H_2O の係数は(ウ　　　　)となる。

　(1)CH_4　＋　　$O_2 \longrightarrow$ (エ　　　　)CO_2＋(オ　　　　)H_2O

④ 両辺の酸素原子 O の数を等しくすると，O_2 の係数は(カ　　　　)となる。

　(1)CH_4＋(キ　　　　)$O_2 \longrightarrow$ (ク　　　　)CO_2＋(ケ　　　　)H_2O

(2)　エタン C_2H_6

(　　　　)C_2H_6＋(　　　　)$O_2 \longrightarrow$ (　　　　)CO_2＋(　　　　)H_2O

(3)　プロパン C_3H_8

(　　　　)C_3H_8＋(　　　　)$O_2 \longrightarrow$ (　　　　)CO_2＋(　　　　)H_2O

(4)　エチレン C_2H_4

(　　　　)C_2H_4＋(　　　　)$O_2 \longrightarrow$ (　　　　)CO_2＋(　　　　)H_2O

(5)　アセチレン C_2H_2

(　　　　)C_2H_2＋(　　　　)$O_2 \longrightarrow$ (　　　　)CO_2＋(　　　　)H_2O

(6)　エタノール C_2H_6O

(　　　　)C_2H_6O＋(　　　　)$O_2 \longrightarrow$ (　　　　)CO_2＋(　　　　)H_2O

11 化学反応式のつくり方(2)

学習日　　月　　日

1 化学反応式　次の各反応を化学反応式で表せ。

(1)　アルミニウム Al を燃焼(酸素 O_2 と反応)すると，酸化アルミニウム Al_2O_3 が生じる。

(2)　鉄 Fe に希硫酸 H_2SO_4 を加えると，硫酸鉄(Ⅱ)$FeSO_4$ と水素 H_2 が生じる。

(3)　水酸化カリウム KOH と硫酸 H_2SO_4 を反応させると，硫酸カリウム K_2SO_4 と水 H_2O が生じる。

(4)　水酸化ナトリウム NaOH 水溶液に二酸化炭素 CO_2 を通じると炭酸ナトリウム Na_2CO_3 と水 H_2O が生じる。

(5)　アンモニア NH_3 を燃焼(酸素 O_2 と反応)すると，一酸化窒素 NO と水 H_2O が生じる。

(6)　一酸化窒素 NO は容器内で酸素 O_2 と反応して，二酸化窒素 NO_2 となる。

(7)　酸化銅(Ⅱ)CuO に水素 H_2 を反応させると，銅 Cu と水 H_2O が生じる。

(8)　ヨウ化カリウム KI に塩素 Cl_2 を加えると，ヨウ素 I_2 が沈殿して塩化カリウム KCl が生じる。

(9)　炭酸水素ナトリウム $NaHCO_3$ を加熱すると，炭酸ナトリウム Na_2CO_3 と二酸化炭素 CO_2 と水 H_2O に分解する。

(10)　過酸化水素水 H_2O_2 に触媒として酸化マンガン(Ⅳ)MnO_2 を加えると，酸素 O_2 と水 H_2O が生成する。

(11)　炭酸カルシウム $CaCO_3$ に塩酸を加えると，塩化カルシウム $CaCl_2$ と二酸化炭素 CO_2 と水 H_2O が生成する。

(12)　塩化アンモニウム NH_4Cl と水酸化カルシウム $Ca(OH)_2$ の混合物を加熱すると，塩化カルシウム $CaCl_2$ とアンモニア NH_3 と水 H_2O が生成する。

2 イオン反応式の係数　次の空欄にあてはまる係数を入れて反応式を完成させよ。ただし，係数が1の場合は1を記せ。

(1)　(　　　) Ca^{2+} + (　　　) CO_3^{2-} ⟶ (　　　) $CaCO_3$

(2)　(　　　) Ag^{+} + (　　　) S^{2-} ⟶ (　　　) Ag_2S

(3)　(　　　) Zn + (　　　) H^{+} ⟶ (　　　) Zn^{2+} + (　　　) H_2

(4)　(　　　) Ag^{+} + (　　　) Cu ⟶ (　　　) Ag + (　　　) Cu^{2+}

3 化学反応式とイオン反応式　次の化学反応式をイオン反応式で表せ。ただし，沈殿しないイオンは反応前後で変化しないものとする。

(1)　硝酸銀 $AgNO_3$ 水溶液に塩化ナトリウム NaCl 水溶液を加えると，塩化銀 AgCl の白色沈殿が生成する。

<化学反応式>

$AgNO_3$ + NaCl ⟶ AgCl + $NaNO_3$

↓ 沈殿する AgCl に関係するもの以外は反応式から除く（この反応では Na^{+} と NO_3^{-} を除く）

<イオン反応式>

____

(2)　塩化バリウム $BaCl_2$ 水溶液に硫酸カリウム K_2SO_4 水溶液を加えると，硫酸バリウム $BaSO_4$ の白色沈殿が生成する。

<化学反応式>

$BaCl_2$ + K_2SO_4 ⟶ $BaSO_4$ + 2KCl

↓ 沈殿する $BaSO_4$ に関係するもの以外は反応式から除く（この反応では K^{+} と Cl^{-} を除く）

<イオン反応式>

____

4 イオン反応式　次の各変化をイオン反応式で示せ。

(1)　アルミニウムイオン Al^{3+} を含む水溶液に水酸化物イオン OH^{-} を含む水溶液を少量加えると，水酸化アルミニウム $Al(OH)_3$ の白色沈殿が生成する。

____

(2)　亜鉛 Zn を銅イオン Cu^{2+} を含む水溶液の中に入れると，亜鉛イオン Zn^{2+} と銅 Cu が生じた。

____

(3)　ヨウ化物イオン I^{-} を含む水溶液に塩素 Cl_2 を通じると，塩化物イオン Cl^{-} とヨウ素 I_2 が生じた。

____

12 化学反応の量的関係(1)

月　日

学習のポイント

化学反応式の利用　化学反応式の係数の比が物質量の比を表す。

(例) 一酸化炭素 CO の燃焼反応で二酸化炭素 CO_2 が生じる。　分子量($CO=28$, $O_2=32$, $CO_2=44$)

化学反応式	$2CO$	+	O_2	$\longrightarrow$	$2CO_2$
係数の比	2		1		2
物質量〔mol〕	2		1		2
質量〔g〕	28×2		32×1		44×2
体積〔L〕	22.4×2		22.4×1		22.4×2

(注) 気体の体積は，0℃，1.013×10^5 Pa におけるものである。
(固体や液体の体積は表さないので省略する。)

1 物質量の関係　次の各反応式について答えよ。

(1) $H_2+Cl_2 \longrightarrow 2HCl$

① 1.0 mol の水素 H_2 とちょうど反応する塩素 Cl_2 の物質量は何 mol か。

② 1.0 mol の水素 H_2 から生成する塩化水素 HCl の物質量は何 mol か。

③ 4.0 mol の水素 H_2 とちょうど反応する塩素 Cl_2 の物質量は何 mol か。

④ 4.0 mol の水素 H_2 から生成する塩化水素 HCl の物質量は何 mol か。

⑤ 0.50 mol の水素 H_2 とちょうど反応する塩素 Cl_2 の物質量は何 mol か。

⑥ 0.50 mol の水素 H_2 から生成する塩化水素 HCl の物質量は何 mol か。

(2) $N_2+3H_2 \longrightarrow 2NH_3$

① 0.50 mol の窒素 N_2 とちょうど反応する水素 H_2 の物質量は何 mol か。

② 0.50 mol の窒素 N_2 から生じるアンモニア NH_3 の物質量は何 mol か。

③ 0.30 mol の水素 H_2 とちょうど反応する窒素 N_2 の物質量は何 mol か。

④ 0.30 mol の水素 H_2 から生じるアンモニア NH_3 の物質量は何 mol か。

⑤ 0.80 mol のアンモニア NH_3 を合成するのに必要な窒素 N_2 の物質量は何 mol か。

⑥ 0.80 mol のアンモニア NH_3 を合成するのに必要な水素 H_2 の物質量は何 mol か。

原子量は，右に示された値を用いること。 H=1.0 C=12 O=16 Mg=24

2 質量の関係 マグネシウム Mg の燃焼は，次のように表される。 $2Mg + O_2 \longrightarrow 2MgO$
次の各問いに有効数字 2 桁で答えよ。

(1) 0.20 mol のマグネシウム Mg を燃焼するときに必要な酸素 O_2 は何 mol か。

(2) 0.20 mol のマグネシウム Mg を燃焼するときに必要な酸素 O_2 は何 g か。

(3) 0.40 mol のマグネシウム Mg を燃焼したときに生じる酸化マグネシウム MgO は何 mol か。

(4) 0.40 mol のマグネシウム Mg を燃焼したときに生じる酸化マグネシウム MgO は何 g か。

3 体積の関係 一酸化窒素 NO と酸素 O_2 の反応は，次のように表される。 $2NO + O_2 \longrightarrow 2NO_2$
次の各問いに有効数字 3 桁で答えよ。ただし，気体の体積は 0℃，1.013×10^5 Pa におけるものとする。

(1) 2.00 mol の一酸化窒素 NO が反応するときに必要な酸素 O_2 は何 mol か。

(2) 2.00 mol の一酸化窒素 NO が反応するときに必要な酸素 O_2 は何 L か。

(3) 4.00 mol の一酸化窒素 NO が反応したときに生じる二酸化窒素 NO_2 は何 mol か。

(4) 4.00 mol の一酸化窒素 NO が反応したときに生じる二酸化窒素 NO_2 は何 L か。

4 反応式の量的関係 次の各表の空欄にあてはまる数値を記せ。

(1)

化学反応式	$2H_2$	+	O_2	⟶	$2H_2O$
係数の比	2		(ア　　)		(イ　　)
物質量〔mol〕	(ウ　　)		1		(エ　　)
質量〔g〕	(オ　　)×2		(カ　　)×1		18×2
体積〔L〕	22.4×2		(キ　　)×1		−

(2)

化学反応式	CH_4	+	$2O_2$	⟶	CO_2	+	$2H_2O$
係数の比	1		(ク　　)		(ケ　　)		(コ　　)
物質量〔mol〕	(サ　　)		(シ　　)		(ス　　)		4
質量〔g〕	(セ　　)×1		(ソ　　)×2		44×1		(タ　　)×2
体積〔L〕	(チ　　)×1		22.4×2		(ツ　　)×1		−

13 化学反応の量的関係(2)

1 プロパンの燃焼　5.6L のプロパン C_3H_8 を完全燃焼した。この反応について，次の各問いに答えよ。ただし，気体の体積は 0℃，1.013×10^5Pa におけるものとし，数値は有効数字 2 桁で答えよ。

(1)　プロパン C_3H_8 の完全燃焼を化学反応式で表せ。

(2)　5.6L のプロパン C_3H_8 は何 mol か。

(3)　5.6L のプロパン C_3H_8 を完全燃焼させると，二酸化炭素 CO_2 は何 L 生成するか。

(4)　5.6L のプロパン C_3H_8 を完全燃焼させると，水 H_2O は何 g 生成するか。

(5)　5.6L のプロパン C_3H_8 を完全燃焼させるのに必要な酸素 O_2 は何 L か。

2 アンモニアの発生　塩化アンモニウム NH_4Cl と水酸化カルシウム $Ca(OH)_2$ の混合物を加熱すると，8.96L のアンモニア NH_3 が発生し，塩化カルシウム $CaCl_2$ と水 H_2O が生成した。この反応について，次の各問いに答えよ。ただし，数値は有効数字 3 桁で答えよ。

(1)　この反応を化学反応式で表せ。

(2)　8.96L のアンモニア NH_3 は 0℃，1.013×10^5Pa において何 mol か。

(3)　8.96L のアンモニア NH_3 を発生させるために必要な塩化アンモニウム NH_4Cl は何 g か。

(4)　8.96L のアンモニア NH_3 を発生させるために必要な水酸化カルシウム $Ca(OH)_2$ は何 g か。

(5)　生成した塩化カルシウム $CaCl_2$ は何 g か。

H=1　C=12　N=14　O=16　Na=23　Al=27　Cl=35.5　Ca=40

3 アルミニウムの燃焼　粉末のアルミニウム Al は空気中で熱すると激しく燃え，酸化アルミニウム Al_2O_3 を生じる。次の各問いに答えよ。ただし，気体の体積は0℃，1.013×10^5 Pa におけるものとし，数値は有効数字２桁で答えよ。

(1)　アルミニウム Al の燃焼を化学反応式で表せ。

(2)　5.4gのアルミニウム Al を燃やしたときに生成する酸化アルミニウム Al_2O_3 は何 g か。

(3)　5.4gのアルミニウム Al を燃やすために必要な酸素 O_2 は何 L か。

(4)　5.1gの酸化アルミニウム Al_2O_3 を得るために，必要なアルミニウム Al は何 g か。

(5)　5.1gの酸化アルミニウム Al_2O_3 を得るために，必要な酸素 O_2 は何 L か。

4 炭酸水素ナトリウムの熱分解　炭酸水素ナトリウム $NaHCO_3$ は加熱すると熱分解し，炭酸ナトリウム Na_2CO_3 と二酸化炭素 CO_2 と水 H_2O を生じる。次の各問いに答えよ。ただし，数値は有効数字２桁で答えよ。

(1)　この反応を化学反応式で表せ。

(2)　8.4gの炭酸水素ナトリウム $NaHCO_3$ を熱分解したときに生じる炭酸ナトリウム Na_2CO_3 は何 g か。

(3)　炭酸水素ナトリウム $NaHCO_3$ の熱分解で，二酸化炭素 CO_2 が0℃，1.013×10^5 Pa において5.6L 発生した。このとき反応した炭酸水素ナトリウム $NaHCO_3$ は何 g か。

14 化学反応の量的関係(3)

学習日　　月　　日

1 過酸化水素の分解　3.4％の過酸化水素(H_2O_2)水100gに，触媒として酸化マンガン(Ⅳ)MnO_2を加えると，酸素O_2が発生した。次の各問いに答えよ。ただし，数値は有効数字2桁で答えよ。

(1)　この反応を化学反応式で表せ。

(2)　この過酸化水素水中の過酸化水素H_2O_2の質量は何gか。

(3)　この過酸化水素水中の過酸素水素H_2O_2の物質量は何molか。

(4)　発生した酸素O_2の体積は0℃，1.013×10^5Paにおいて何Lか。

2 水酸化ナトリウムと二酸化炭素の反応　1.0mol/Lの水酸化ナトリウムNaOH水溶液100mLに二酸化炭素CO_2を通じると，炭酸ナトリウムNa_2CO_3と水H_2Oが生成した。次の各問いに答えよ。ただし，数値は有効数字2桁で答えよ。

(1)　この反応を化学反応式で表せ。

(2)　1.0mol/Lの水酸化ナトリウムNaOH水溶液100mLに含まれる水酸化ナトリウムNaOHは何molか。

(3)　この水酸化ナトリウムNaOHがすべて反応するのに必要な二酸化炭素CO_2は0℃，1.013×10^5Paにおいて何Lか。

(4)　生じた炭酸ナトリウムNa_2CO_3の質量は何gか。

(5)　生じた水H_2Oの質量は何gか。

$H=1$　$C=12$　$O=16$　$Na=23$　$Al=27$　$Zn=65$

3 アルミニウムと塩酸の反応　5.4gのアルミニウムAlに2.0mol/Lの塩酸を加えると，塩化アルミニウム$AlCl_3$が生じ，水素H_2が発生した。次の各問いに答えよ。ただし，数値は有効数字2桁で答えよ。

(1)　この反応を化学反応式で表せ。

(2)　5.4gのアルミニウムAlの物質量は何molか。

(3)　5.4gのアルミニウムAlがすべて反応したときに発生する水素H_2の体積は，0℃，1.013×10^5Paにおいて何Lか。

(4)　5.4gのアルミニウムAlをすべて反応させるのに必要な塩化水素HClの物質量は何molか。

(5)　5.4gのアルミニウムAlをすべて反応させるのに必要な塩酸の体積は何mLか。

4 亜鉛と硫酸の反応　6.5gの亜鉛Znを0.50mol/Lの硫酸H_2SO_4水溶液に加えると，水素H_2が発生し，硫酸亜鉛$ZnSO_4$が生じた。次の各問いに答えよ。ただし，数値は有効数字2桁で答えよ。

(1)　この反応を化学反応式で表せ。

(2)　6.5gの亜鉛Znの物質量は何molか。

(3)　このとき発生した水素H_2の体積は0℃，1.013×10^5Paにおいて何Lか。

(4)　6.5gの亜鉛Znを溶かすために必要な硫酸H_2SO_4は何molか。

(5)　6.5gの亜鉛Znをすべて反応させるときに必要な0.50mol/Lの硫酸H_2SO_4水溶液の体積は何mLか。

15 化学反応の量的関係(4)

1 アルミニウムと酸化鉄(Ⅲ)の反応　2.7g のアルミニウム Al 粉末を 9.6g の酸化鉄(Ⅲ)Fe_2O_3 の粉末と反応させたところ，次の反応が起こった。これについて，次の各問いに有効数字 2 桁で答えよ。

$2Al + Fe_2O_3 \longrightarrow Al_2O_3 + 2Fe$

(1)　2.7g のアルミニウム Al 粉末は何 mol か。

(2)　9.6g の酸化鉄(Ⅲ)Fe_2O_3 の粉末は何 mol か。

(3)　この反応の反応前，変化量，反応後の各物質の物質量についてまとめた表中の空欄にあてはまる数値を記入せよ。

反応式	$2Al$	+	Fe_2O_3	$\longrightarrow$	Al_2O_3	+	$2Fe$
係数比	2		1		1		2
反応前〔mol〕	(ア　　)		(イ　　)		0		0
変化量〔mol〕	(ウ　　)		(エ　　)		(オ　　)		(カ　　)
反応後〔mol〕	(キ　　)		(ク　　)		(ケ　　)		(コ　　)

(4)　この反応では，アルミニウムと酸化鉄(Ⅲ)のどちらが何 g 残るか。

(　　　　　)が(　　　)g 残る

(5)　生じた酸化アルミニウム Al_2O_3 の質量は何 g か。

2 メタンの燃焼　8.0g のメタン CH_4 と 11.2L の酸素 O_2 を燃焼させた。次の各問いに答えよ。ただし，気体の体積は 0℃，1.013×10^5 Pa におけるものとし，数値は有効数字 2 桁で答えよ。

(1)　この反応を化学反応式で表せ。

(2)　反応後，反応せずに残る気体は何か。また，その物質量は何 mol か。

気体：　　　　　，物質量

(3)　生成した二酸化炭素 CO_2 は何 L か。また，生成した水 H_2O は何 g か。

二酸化炭素：　　　　　，水

H=1 C=12 O=16 Al=27 Fe=56

3 炭酸水素ナトリウムと塩酸の反応 炭酸水素ナトリウム $NaHCO_3$ に塩酸を加えると，二酸化炭素 CO_2 が発生する。

	1回目	2回目	3回目	4回目
$NaHCO_3$〔mol〕	0.020	0.040	0.060	0.080
CO_2〔mol〕	0.020	0.040	0.050	0.050

$$NaHCO_3 + HCl \longrightarrow NaCl + H_2O + CO_2$$

ある濃度の塩酸 100 mL に，さまざまな物質量の炭酸水素ナトリウム $NaHCO_3$ を加え，加えた炭酸水素ナトリウム $NaHCO_3$ の物質量と発生した二酸化炭素 CO_2 の物質量の関係を調べた。表は，その実験結果である。次の各問いに答えよ。ただし，数値は有効数字 2 桁で答えよ。

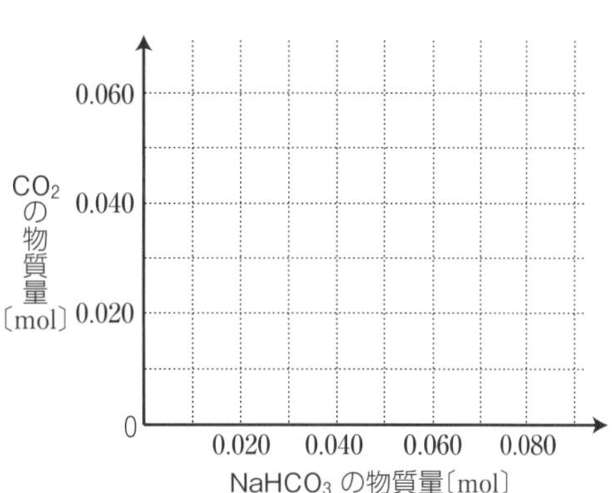

(1) 用いた炭酸水素ナトリウム $NaHCO_3$ と発生した二酸化炭素 CO_2 との物質量の関係をグラフで表せ。

(2) この塩酸 100 mL と過不足なく反応した炭酸水素ナトリウム $NaHCO_3$ は何 mol か。

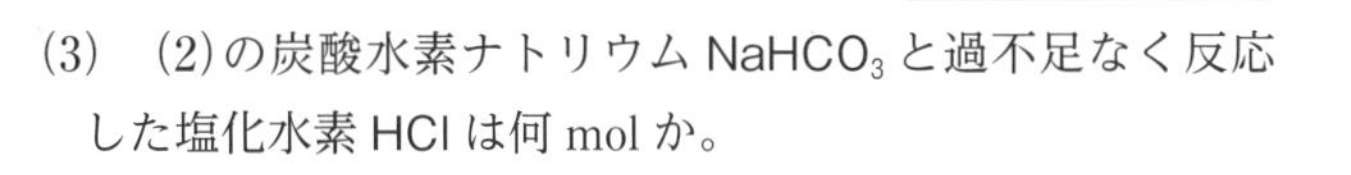

(3) (2)の炭酸水素ナトリウム $NaHCO_3$ と過不足なく反応した塩化水素 HCl は何 mol か。

(4) この塩酸のモル濃度は何 mol/L か。

4 アルミニウムと硫酸の反応 アルミニウム Al に硫酸 H_2SO_4 水溶液を加えると，アルミニウム Al が溶けて水素 H_2 が発生する。

$$2Al + 3H_2SO_4 \longrightarrow Al_2(SO_4)_3 + 3H_2$$

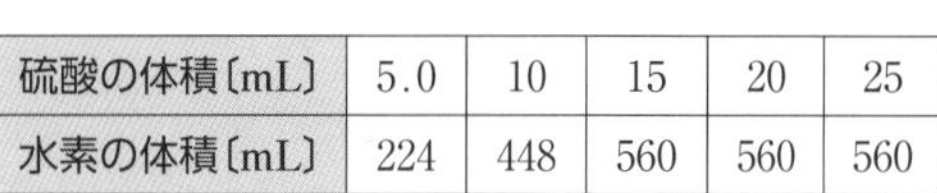

硫酸の体積〔mL〕	5.0	10	15	20	25
水素の体積〔mL〕	224	448	560	560	560

水素の体積は，0℃，1.013×10^5 Pa におけるものとする

アルミニウム Al にある濃度の硫酸 H_2SO_4 水溶液を加えていき，加えた硫酸 H_2SO_4 の体積と発生した水素 H_2 の体積の関係を調べた。表は，その実験結果である。次の各問いに答えよ。ただし，(2)～(4)は有効数字 2 桁で答えよ。

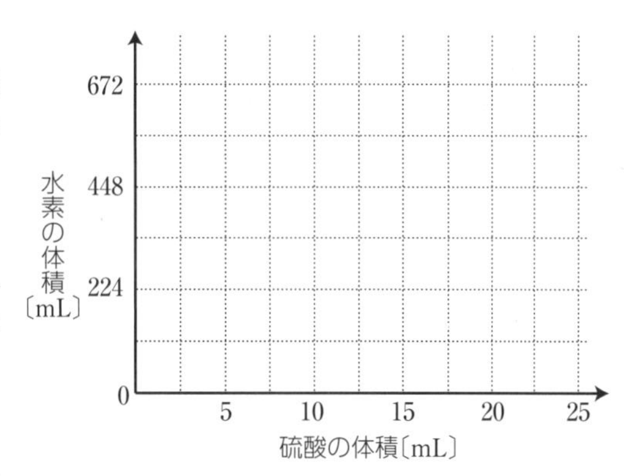

(1) 用いた硫酸 H_2SO_4 と発生した水素 H_2 との体積の関係をグラフで表せ。また，アルミニウム Al と硫酸 H_2SO_4 が過不足なく反応したときの硫酸 H_2SO_4 の体積を答えよ。

(2) アルミニウム Al と硫酸 H_2SO_4 と過不足なく反応したときに発生した水素 H_2 は何 mol か。

(3) アルミニウム Al と過不足なく反応した硫酸 H_2SO_4 は何 mol か。

(4) この硫酸 H_2SO_4 水溶液のモル濃度は何 mol/L か。

計算問題の解答

1. 指数・単位と有効数字

1 (1) 3×10^2 (2) 5×10^3 (3) 2.1×10^5 (4) 3.5×10^{-3} (5) 6×10^{-4} (6) 8×10^{-9}

2 (1) 10^5 (2) 10 (3) 6×10^5 (4) 1.6×10^3 (5) 10^4 (6) 10^{10} (7) 4×10^2 (8) 5×10^{-3}

4 (1) 6.4 (2) 7.65 (3) 1.8 (4) 2.6 (5) 1.9 (6) 4.0 (7) 13

5 (1) 4 (2) 12 (3) 160 (4) 8

2. 原子量

1 (1) (ア) 1.7×10^{-24} (イ) 1.0 (2) 16 (3) 23 (4) 27

2 (1) 2.0倍 (2) 3.25倍 (3) 108

3 (1) (ア) 75 (イ) 37 (ウ) 35.5 (2) 10.8 (3) 63.6

3. 分子量・式量

1 (1) 2.0 (2) 4.0 (3) 28 (4) 32 (5) 20 (6) 18 (7) 17 (8) 44 (9) 36.5 (10) 34 (11) 46 (12) 60 (13) 98 (14) 63 (15) 16 (16) 30 (17) 44 (18) 46 (19) 180 (20) 342

2 (1) 1.0 (2) 23 (3) 40 (4) 56 (5) 35.5 (6) 16 (7) 32 (8) 18 (9) 17 (10) 61 (11) 60 (12) 62 (13) 96 (14) 95

3 (1) 12 (2) 27 (3) 64 (4) 58.5 (5) 56 (6) 95 (7) 100 (8) 88 (9) 84 (10) 74 (11) 53.5 (12) 342 (13) 250 (14) 286

4. 物質量(1)

1 (1) (ア) 6.0×10^{23} (イ) 0.50 (2) 2.0mol (3) 0.10mol (4) 0.70mol (5) 6.0mol

2 (1) (ア) 6.0×10^{23} (イ) 9.0×10^{23} (2) 1.5×10^{23} 個 (3) 1.2×10^{23} 個 (4) 1.8×10^{24} 個 (5) 3.0×10^{24} 個

3 (1) (ア) 2 (イ) 2 (ウ) 2.0 (2) 3.0mol (3) 12mol (4) 2.0mol (5) 0.60mol (6) 2.0mol (7) 0.75mol (8) 2.0mol

4 (1) (ア) 2 (イ) 2 (ウ) 1.0 (エ) 1.0 (オ) 6.0×10^{23} (2) 3.6×10^{23} 個 (3) 2.4×10^{23} 個 (4) 7.2×10^{21} 個 (5) 9.0×10^{23} 個 (6) 6.0×10^{23} 個

5. 物質量(2)

1 (1) (ア) 12 (イ) 6.0 (ウ) 12 (エ) 0.50 (2) 1.5mol (3) 0.30mol (4) 0.75 mol (5) 2.0×10^{-2}mol

2 (1) (ア) 12 (イ) 12 (ウ) 1.0 (エ) 12 (2) 4.0g (3) 8.5g (4) 66g (5) 0.50g

3 (1) (ア) 18 (イ) 36 (ウ) 18 (エ) 2.0 (オ) 2 (カ) 2.0 (キ) 2 (ク) 4.0 (2) 2.0mol (3) 1.0mol (4) 8.0×10^{-2}mol (5) 0.15mol

4 (1) (ア) 18 (イ) 72 (ウ) 18 (エ) 4.0 (オ) 2 (カ) 4.0 (キ) 2 (ク) 8.0 (ケ) 8.0 (コ) 8.0 (2) 6.0g (3) 18g (4) 0.142g

6. 物質量(3)

1 (1) (ア) 5.60 (イ) 0.250 (2) 1.00mol (3) 0.125mol (4) 0.200mol (5) 4.00×10^{-2}mol

2 (1) (ア) 2.00 (イ) 44.8 (2) 33.6L (3) 11.2L (4) 16.8L (5) 560mL

3 (1) (ア) 28 (イ) 28 (ウ) 1.25 (2) 1.96g/L (3) 1.52g/L

4 (1) (ア) 2.5 (イ) 56 (ウ) 56 (2) 17

5 (1) (ア) 4.0 (イ) 3.0 (ウ) 4.0 (エ) 1.0 (オ) 4.0 (カ) 3.0 (キ) 4.0 (ク) 1.0 (ケ) 4.0 (コ) 8.5 (サ) 8.5 (2) 14 (3) 18.4

7. 物質量(4)

1 (1) (ア) 3.0×10^{24} (イ) 6.0×10^{23} (ウ) 5.0 (エ) 5.0 (オ) 10 (2) 14g (3) 11g (4) 1.8×10^2g (5) 34g (6) (ア) 1.0 (イ) 2.0 (ウ) 0.50 (エ) 0.50 (オ) 3.0×10^{23} (7) 1.2×10^{24} 個 (8) 1.5×10^{23} 個 (9) 1.2×10^{23} 個 (10) 1.2×10^{24} 個

2 (1) (ア) 1.5×10^{24} (イ) 6.0×10^{23} (ウ) 2.5 (エ) 2.5 (オ) 56 (2) 17L (3) 4.5L (4) 2.2L (5) (ア) 11.2 (イ) 22.4 (ウ) 0.500 (エ) 0.500 (オ) 3.0×10^{23} (6) 1.5×10^{23} 個 (7) 4.5×10^{23} 個

3 (1) (ア) 28 (イ) 0.25 (ウ) 0.25 (エ) 5.60 (2) 6.72L (3) 11L (4) 3.4L (5) (ア) 22.4 (イ) 0.500 (ウ) 0.500 (エ) 14 (6) 0.400g (7) 4.80g (8) 85g

8. 溶液の濃度(1)

1 (1) (イ) 100 (ウ) 10 (エ) 10 (2) 10% (3) 20% (4) (ア) 80 (イ) 15 (ウ) 12 (5) 15.0g (6) 108g

2 (1) (ア) 0.200 (イ) 0.50 (ウ) 0.200 (エ) 2.5 (2) 0.20mol/L (3) 0.40mol/L (4) (ア) 0.100 (イ) 0.20 (ウ) 0.100 (エ) 2.0×10^{-2} (5) 7.5×10^{-2}mol (6) 2.5×10^{-2}mol

3 (1) (ア) 40 (イ) 40 (ウ) 0.50 (エ) 0.250 (オ) 0.50 (カ) 0.250 (キ) 2.0 (2) 1.0mol/L (3) 0.20g (4) 4.2g (5) 0.250mol/L (6) 5.6L

9. 溶液の濃度(2)

1 (1) (ア) 0.100 (イ) 0.100 (ウ) 0.010 (エ) 0.010 (オ) 0.0050 (カ) 5.0 (2) 50mL (3) 1.0mL

2 (1) (ア) 0.100 (イ) 0.100 (ウ) 0.20 (エ) 0.250 (オ) 0.250 (カ) 0.20 (キ) 0.250 (ク) 0.80 (2) 0.30mol/L (3) 2.0mol/L

3 (1) (ア) 100 (イ) 120 (ウ) 100 (エ) 1.20 (2) 1.1g/cm^3 (3) 1.30g/cm^3

4 (ア) 1000 (イ) 1.8 (ウ) 1000 (エ) 1800 (オ) 1800 (カ) 98 (キ) 98 (ク) 1800 (ケ) 98 (コ) 98 (サ) 18 (シ) 18 (ス) 18

12. 化学反応の量的関係(1)

1 (1) ① 1.0mol ② 2.0mol ③ 4.0mol ④ 8.0mol ⑤ 0.50mol ⑥ 1.0mol (2) ① 1.5mol ② 1.0mol ③ 0.10mol ④ 0.20mol ⑤ 0.40mol ⑥ 1.2mol

2 (1) 0.10mol (2) 3.2g (3) 0.40mol (4) 16g

3 (1) 1.00mol (2) 22.4L (3) 4.00mol (4) 89.6L

4 (ア) 1 (イ) 2 (ウ) 2 (エ) 2 (オ) 2.0 (カ) 32 (キ) 22.4 (ク) 2 (ケ) 1 (コ) 2 (サ) 2 (シ) 4 (ス) 2 (セ) 16 (ソ) 32 (タ) 18 (チ) 22.4 (ツ) 22.4

13. 化学反応の量的関係(2)

1 (2) 0.25mol (3) 17L (4) 18g (5) 28L

2 (2) 0.400mol (3) 21.4g (4) 14.8g (5) 22.2g

3 (2) 10g (3) 3.4L (4) 2.7g (5) 1.7L

4 (2) 5.3g (3) 42g

14. 化学反応の量的関係(3)

1 (2) 3.4g (3) 0.10mol (4) 1.1L

2 (2) 0.10mol (3) 1.1L (4) 5.3g (5) 0.90g

3 (2) 0.20mol (3) 6.7L (4) 0.60mol (5) 3.0×10^2mL

4 (2) 0.10mol (3) 2.2L (4) 0.10mol (5) 2.0×10^2mL

15. 化学反応の量的関係(4)

1 (1) 0.10mol (2) 6.0×10^{-2}mol (3) (ア) 0.10 (イ) 0.060 (ウ) −0.10 (エ) −0.050 (オ) +0.050 (カ) +0.10 (キ) 0 (ク) 0.010 (ケ) 0.050 (コ) +0.10 (4) 酸化鉄(Ⅲ)が1.6g残る (5) 5.1g

2 (3) 二酸化炭素：5.6L，水：9.0g

3 (2) 0.050mol (3) 0.050mol (4) 0.50mol/L

4 (1) 12.5mL (2) 0.0250mol (3) 0.0250mol (4) 0.200mol/L